艺术设计
ART DESIGN

建筑速写与设计表达

JIANZHU SUXIE YU SHEJI BIAODA

汪帆 著

华中科技大学出版社
http://www.hustp.com
中国·武汉

内 容 简 介

建筑速写与设计表达是运用钢笔徒手线条快速表现建筑物与设计意向，呈现出一种自然、洒脱的艺术效果，是一种随机的、概括的，但又具生动性、直观性和有创作灵气的画面表达。钢笔徒手线条表现在计算机设计普及运用的今天仍然具有不可替代的作用。本书的学习可以训练学生运用各种表现技巧进行建筑写生与设计表现，锻炼学生设计思维与表达的快速结合，提高学生运用手绘图传达设计意图的能力。

本书包括六章内容，知识覆盖全面，可以作为环境艺术设计专业、室内设计专业、建筑设计专业、建筑装饰设计专业、城镇规划专业等相关设计类专业的教材和参考书，也可作为设计类专业从业人员的学习资料及广大设计爱好者的学习资料。

图书在版编目（CIP）数据

建筑速写与设计表达 / 汪帆著. — 武汉：华中科技大学出版社，2016.9(2021.12 重印)

ISBN 978-7-5680-2095-4

Ⅰ.①建… Ⅱ.①汪… Ⅲ.①建筑艺术 – 速写技法 Ⅳ.①TU204

中国版本图书馆 CIP 数据核字(2016)第 183885 号

建筑速写与设计表达   汪 帆 著
Jianzhu Suxie yu Sheji Biaoda

策划编辑：彭中军
责任编辑：史永霞
封面设计：孢 子
责任监印：朱 玢
出版发行：华中科技大学出版社（中国·武汉）
　　　　　武昌喻家山　　邮编：430074　　电话：(027) 81321913
录　　排：武汉正风天下文化发展有限公司
印　　刷：武汉科源印刷设计有限公司
开　　本：880 mm × 1230 mm　1/16
印　　张：7
字　　数：212 千字
版　　次：2021 年 12 月第 1 版第 3 次印刷
定　　价：39.00 元

　　建筑速写与设计表达是通过钢笔快速记录和阐释设计构思的一种表现方式，它具有便捷性和直观性的特性，是环境艺术设计专业、室内设计专业、建筑设计专业、建筑装饰设计专业、城乡规划专业等相关设计类专业学生以及设计类专业从业人员表达设计思想、升华专业素养、锻炼手脑并用、为用户提供个性化设计方案的一项必修技能。

　　钢笔作为一种书写和绘图工具，在世界上已经有着几百年的历史，钢笔所绘制的线条因为其材质的天然属性使其在视觉上呈现出一种刚柔相济、虚实相生、工整朴实之感，伴随着别具匠心的构思方案，或黑白，或淡彩，令设计师徜徉在创作的海洋，充分享受着笔下行云流水般的创作激情。随着信息化时代的到来，计算机绘图渐渐取代了传统的钢笔徒手表现，但是计算机绘图有许多弊端。首先，在进行方案设计的前期，钢笔徒手表现效率高、手法灵活、工具简便、画面直观，而计算机绘图需要运用大量的参数和计算机语言实现设计图面效果，无形中耗损了创作激情，使画面效果千篇一律，没有亮点。其次，人品出画品，钢笔作为硬笔代表，一直以来出现于正式公函、书信的书写，其线条代表着诚实守信的道德品行，所以不同境界修为的人所表现出来的线条是大相径庭的。人的大脑控制着手，然后作用于钢笔的线条有着万般的变化，而计算机无法表达这种细腻的情感意识。最后，从历史发展的角度来看，科技的发展，物质的丰硕会促使整个社会厌烦流水线、机器大生产的毫无情感的创作过程，转而更加怀念和投入具有复古和个性色彩的钢笔徒手表现中来。

　　本书对建筑速写与设计表达进行了整体的统筹和编写，全书知识点覆盖广，重难点突出，分章节循序渐进地引导学习。全书共分为六章：建筑速写基础知识、室内外钢笔线稿表现步骤详解、建筑配景画法、建筑写生、设计表达、作品欣赏。全书所有图片是著者十余年来潜心绘制的作品，全书注重作品的原创性，采用理论与实践相结合的方式，图文并茂，形式丰富。著作的顺利付梓，离不开多方人士的关心与支持，在此深表感谢！

　　由于学术水平有限，本书难免存在疏漏和不当，恳请有关专家和广大读者提出宝贵的意见和建议，便于我们加以改进。

2016 年 5 月

目录
JIANZHU SUXIE YU SHEJI BIAODA
MULU

第 1 章
建筑速写基础知识

JIANZHU
JSUXIE

Y^US_{HEJI}
SBIAODA ◂ ◂ ◂ ◂

◂ ◂ ◂ ◂

■ **学习目标** ▌

通过学习了解建筑速写的含义，明确学习目的，熟练掌握线条表现技巧、材质表现技巧，理解并掌握一点透视、两点透视、三点透视画法。

■ **学习重点** ▌

线条表现技巧；材质表现技巧；一点透视、两点透视画法。

■ **学习难点** ▌

一点透视、两点透视画法。

1.1　建筑速写的基本概念　　　　　　ONE

1.1.1　建筑速写的含义

建筑速写主要是观察者对于被描绘的建筑物，用一种心灵的感悟和艺术化的取景、构图、线条来表达客观存在，整个速写过程是一种主观见之于客观的创作过程。如同其他的艺术创作，建筑速写要求创作者具有基本的观察能力和表达能力，不只是像照相机一样完全再现建筑场景，而是将创作者的个人经历、艺术修养、人生感悟，通过新颖的取景角度、优美的构图、蕴含情感的线条、有序而整体的画面关系在时空上搭建"建筑"和"人"情感的交流平台。

1.1.2　建筑速写的学习目的

对于建筑速写的学习，很多设计类专业都十分重视，许多艺术设计类专业都会组织学生进行省内或者省外写生采风。建筑速写是采风课程安排中的重要环节，一方面，建筑速写培养了设计类学生的观察能力，通过不同建筑的速写过程，大家认识了建筑内部支撑结构、外部围护体系、环境风水的营建、文脉溯源的流变；另一方面，建筑速写锻炼了大家的动手能力，通过造型、透视、比例、空间的营造诠释出对于建筑的符号理解，从而使学生的感性认识升华为理性经验，为以后的课程学习夯实了基础。

1.2　线条的语言　　　　　　　　　　TWO

不同的线条可以表达出不同的情感，如图1-1所示：

① 直线表达肯定、利落；
② 斜线表现伸展、方向；
③ 曲线表现柔和、动感；
④ 锯齿线表现尖锐、力量；
⑤ 虚线表现随意、变化。

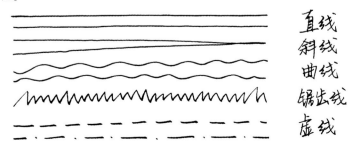

图1-1　线条的语言

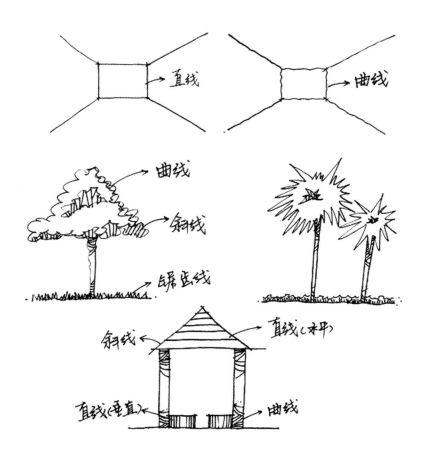

续图 1-1

1.2.1 线条训练

钢笔线条是建筑速写与设计表达的基础，更是重点，对于不同疏密、不同方向、不同形状的线条应反复训练，不断总结经验，如图 1-2 所示。

图 1-2 线条训练

续图 1-2

1.2.2 材质表现

建筑材料质感丰富，既有天然材料也有人造材料，不同材料在造型、色彩、质感上呈现出特有的视觉和触觉效果，通过不同的线条排列来表达材料的肌理，模拟材料的凹凸、转折、空间、密度等真实感。在建筑速写和设计表达中，材质表现十分的重要，如图 1-3 所示。

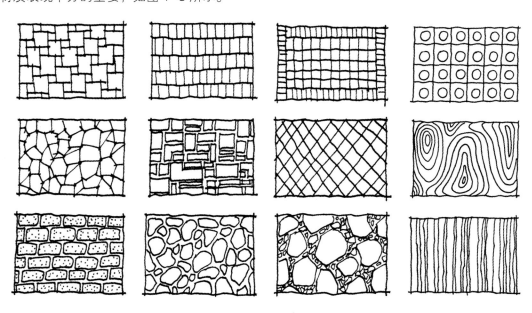

图 1-3　材质表现

续图 1-3

1.2.3 线条表现范例

线条表现范例如图 1-4 所示。

（a）

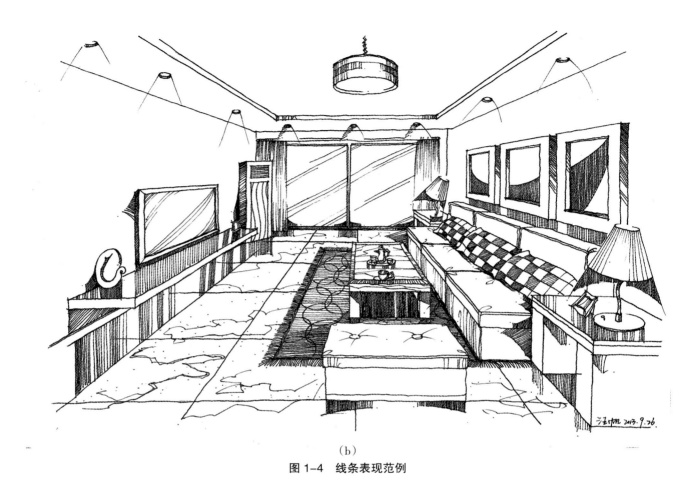

（b）

图 1-4　线条表现范例

1.3　透 视 基 础　　　　　　　THREE

　　可见物体在光的作用下将形体轮廓反映到人的眼睛，使我们感觉到物体的位置、方向、体量、材质的存在，并依据判断和感知将其表现在画面上，并产生了近大远小、近实远虚的现象，这就是物体的空间透视关系，如图 1-5 所示。

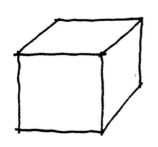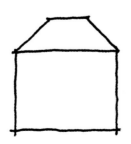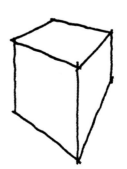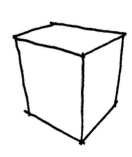

图 1-5　轴测图和透视图

　　透视分为一点透视、两点透视、三点透视，如图 1-6 所示。

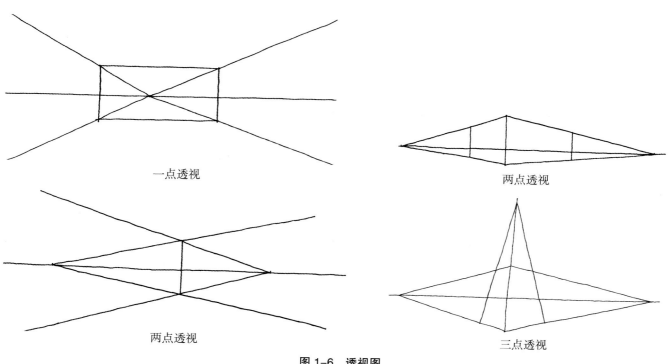

图 1-6 透视图

1.3.1 一点透视

一点透视也称为平行透视，它是一种最基本的透视作图方法，即室内空间中的一个主要立面平行于画面，而其他面垂直于画面，并只有一个消失点的透视。它所涉及的表现范围广，有较强的纵深感，适合表现庄重、严肃的空间环境。一点透视是建筑速写与设计表达中最为常用的表现形式，其缺点是若处理不当就会比较呆板。

一点透视绘图步骤如下。

第一步：画出室内墙体。在图纸中央位置画出墙面的长和高，并确定视平线高度，如图 1-7 所示。

图 1-7 一点透视步骤 1

第二步：定出灭点，并将灭点分别与各等分点连接并延长，如图 1-8 所示。

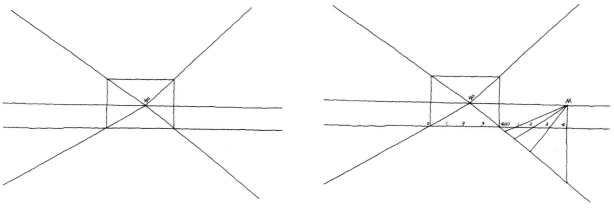

图 1-8 一点透视步骤 2

第三步：通过交点作水平线，再通过点 VP 与等分点连接并延长，绘制出地面网格，如图 1-9 所示。

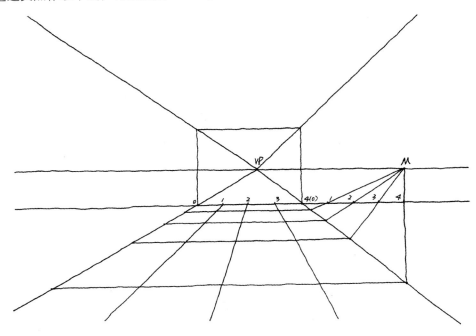

图 1-9　一点透视步骤 3

第四步：空间内物体绘制。画出天花板、家具，如图 1-10 所示。

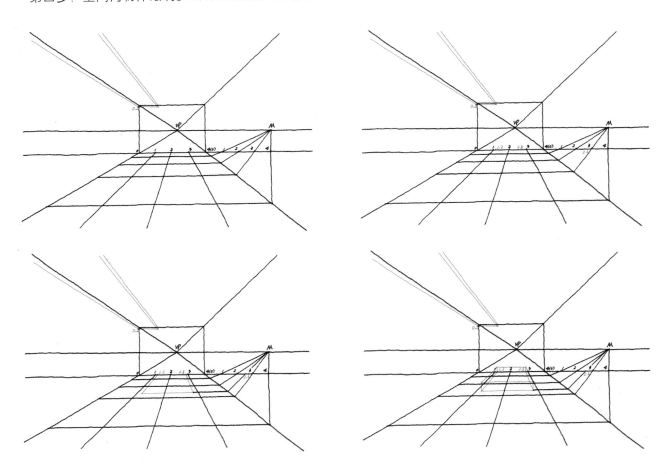

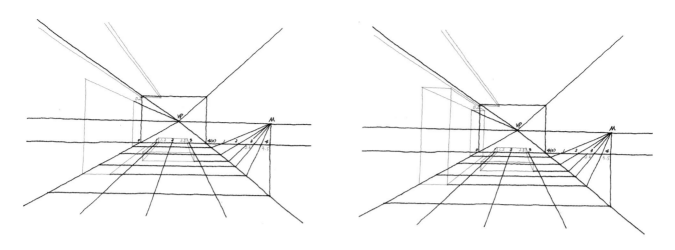

图 1-10　一点透视步骤 4

1.3.2　两点透视

两点透视即成角透视，分为成内角透视和成外角透视。其画面效果比较自由活泼，反映空间接近人类视觉上的真实感觉，但应注意消失点位置的选择，若消失点的选位不当，会使空间透视产生偏差变形和失真感。

1. 室内空间绘图步骤

第一步：画出两面墙的透视。画出地平线，作其垂直线，在高 1.5 m 处画出视平线，定出 VP_1、VP_2 两点，并与垂直线两端点连接并延长，如图 1-11 所示。

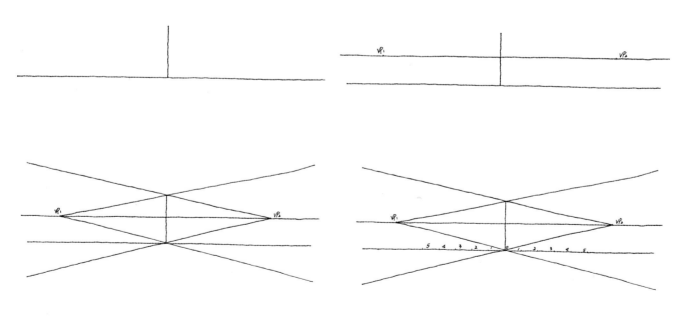

图 1-11　两点透视步骤 1

第二步：画出地面网格。在地平线上量出房间的宽度尺寸、长度尺寸，分别将各点与 M_1、M_2 连接，如图 1-12 所示。再分别与 VP_1、VP_2 连接并延长，画出地面网格。

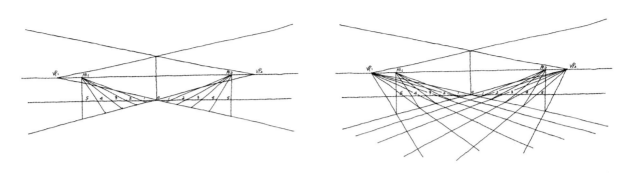

图 1-12　两点透视步骤 2

第三步：空间内物体绘制。画出天花板、家具，如图 1-13 所示。

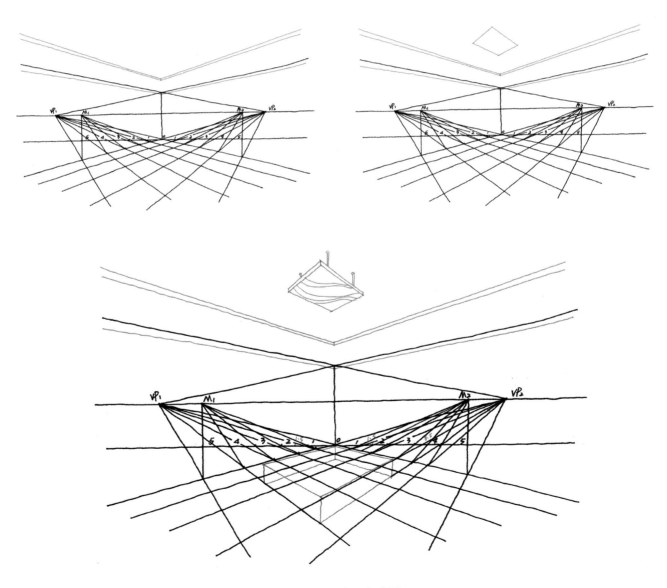

图 1-13　两点透视步骤 3

2. 单体物绘图步骤

第一步：首先画出地平线、办公桌高度及视平线，再在视平线上定出 VP₁、VP₂ 两点，如图 1-14 所示。

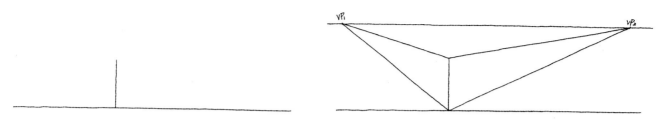

图 1-14　单体物绘图步骤 1

第二步：如图 1-15 至图 1-17 所示，画出办公桌立方体。

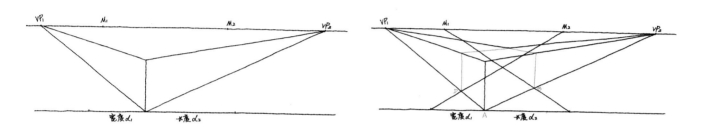

图 1-15　单体物绘图步骤 2（1）

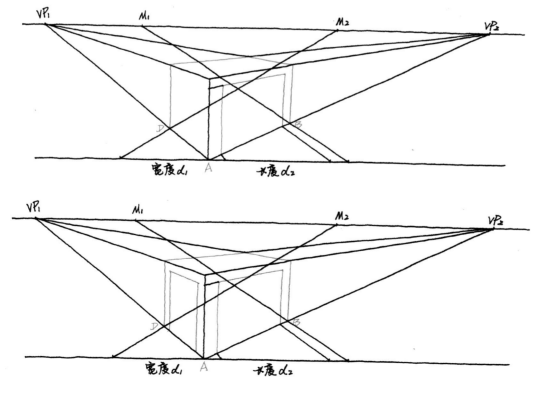

图 1-16　单体物绘图步骤 2（2）

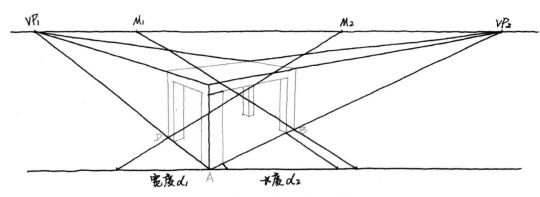

图 1-17　单体物绘图步骤 2（3）

1.3.3　三点透视

三点透视又称为散点透视或倾斜透视。三点透视可表现建筑物高大的纵深感觉，更具夸张性和戏剧性，但如果角度和距离选择不当，会失真、变形。三点透视可用于表现高层建筑透视，也可用于俯视图或仰视图。

三点透视作画步骤如下。

第一步：画出建筑物立方体透视。按照两点透视作图方法，选择透视角度。量出高度尺寸，在左、右两侧分别量出宽度尺寸、长度尺寸，如图 1-18 和图 1-19 所示。

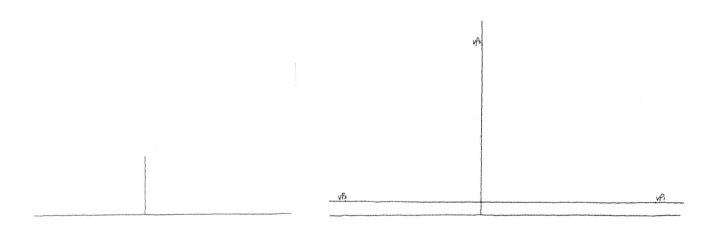

图 1-18　三点透视步骤（1）

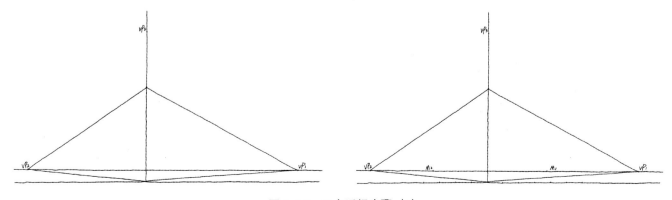

图 1-19　三点透视步骤（2）

第二步：画出建筑物外立面的透视基本网格。分别将 M_1、M_2、M_3 点与长、宽、高上测量出的各尺寸距离相连接，如图 1-20 至图 1-23 所示。

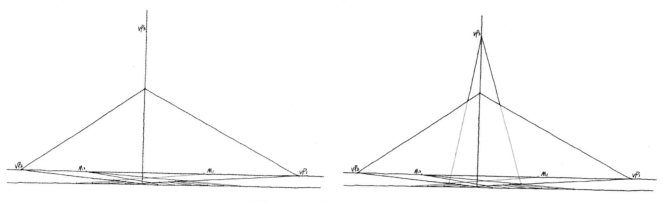

图 1-20 三点透视步骤 2 (1)

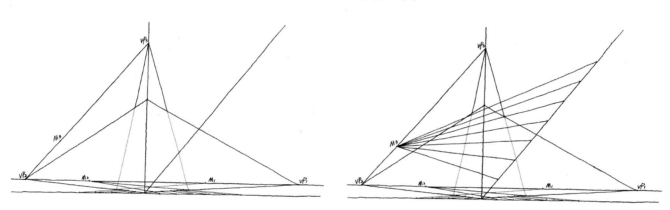

图 1-21 三点透视步骤 2 (2)

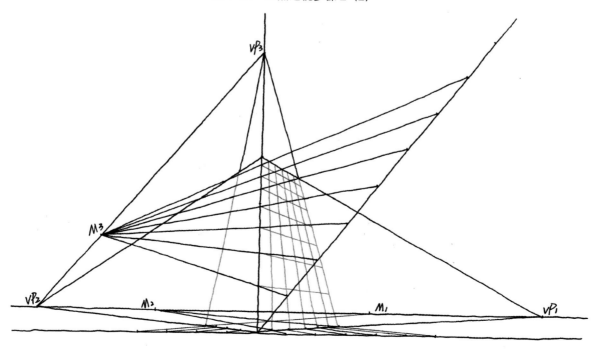

图 1-22 三点透视步骤 2 (3)

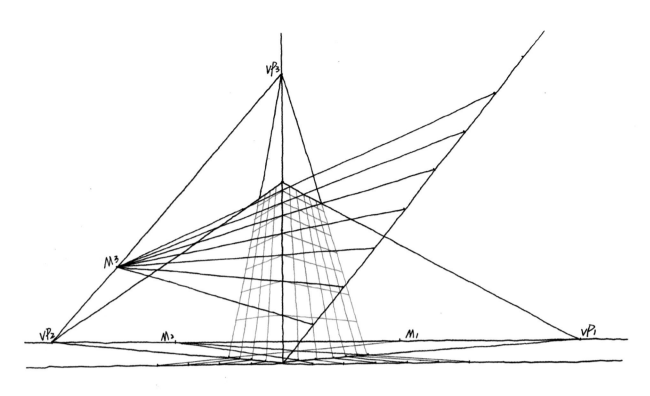

图 1-23　三点透视步骤 2（4）

习　题

1. 线条训练：分别默画出水平线、垂直线、斜线、曲线、锯齿线等，要求每种线条以组为单位，至少画 5 遍。

2. 材质表现：临摹图 1-3 中的各种材质，要求每种材质至少画 5 遍以上。

3. 透视训练：临摹一点透视、两点透视、三点透视的范画。

4. 按照透视画法绘制自己的手机，用一点透视、两点透视、三点透视表现均可。

第 2 章
室内外钢笔线稿表现步骤详解......

JIANZHU
SUXIE
YU SHEJI
BIAODA ◀ ◀ ◀ ◀

◀ ◀ ◀ ◀ ◀

■■**学习目标**■■

　　了解植物、石头、人物、抱枕、窗帘、床、沙发、室外景观环境及小型建筑单体的钢笔线稿表现步骤详解，掌握绘画步骤与技巧，充分表现画面。

■■**学习重点**■■

　　掌握绘画步骤。

■■**学习难点**■■

　　完整绘制室内外手绘表现图。

2.1　植物的钢笔线稿表现步骤详解　　　ONE

2.1.1　平面树画法

平面树绘制步骤如下，如图 2-1 所示。

第一步：从平面树冠的外轮廓入手，定出圆形大小。

第二步：将主干分成四株，用双线条表现粗细、形态关系。

第三步：用单线条画出分枝。

第四步：同样用单线条继续细分，充分表现出落叶树枝的形态。

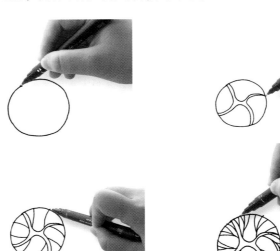

图 2-1　绘制平面树

2.1.2　棕榈树种平面图的画法

棕榈树种平面图的绘制步骤如下，如图 2-2 所示。

第一步：从平面树冠的外轮廓入手，定出树冠的形和大小。

第二步：单线条将棕榈植物每片叶子的主茎脉表现出来。

第三步：用单线条继续深化，充分表现出叶子的形态和质感。

图 2-2　棕榈树种的绘制

2.1.3　立面树画法

立面树绘制步骤如下，如图 2-3 所示。

第一步：从树干入手，确定树干的位置。

第二步：画出地平面，再用双线表现树干的粗细。

第三步：将树干进行分枝。

第四步：用双线表现出枝干的粗细。

第五步：将主枝进行细分。

第六步：继续细分成若干分枝。

第七步：画出细小的枝干，充分表现出落叶树的姿态。

第八步：将树干的质感表现出来。

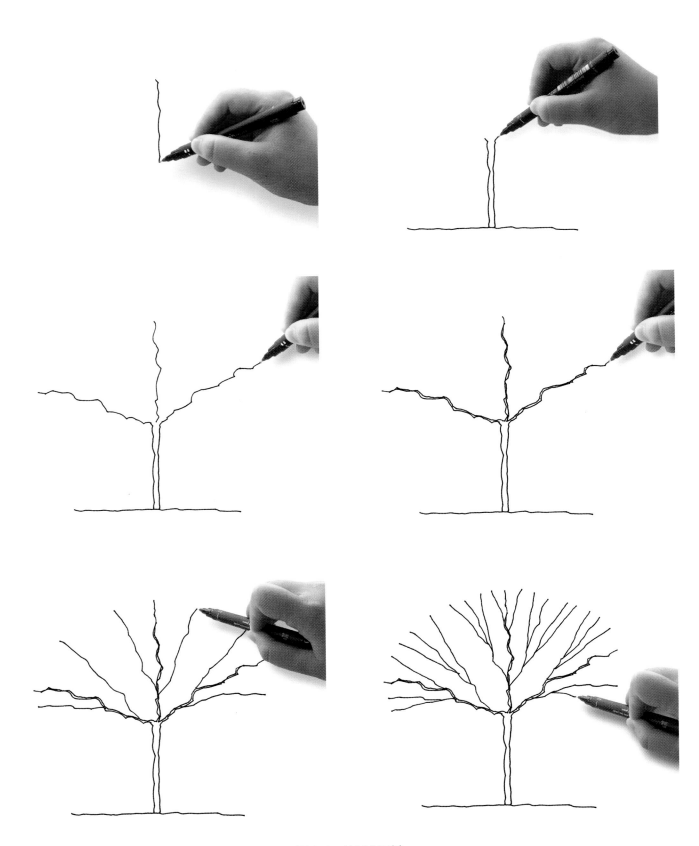

图 2-3 绘制立面树

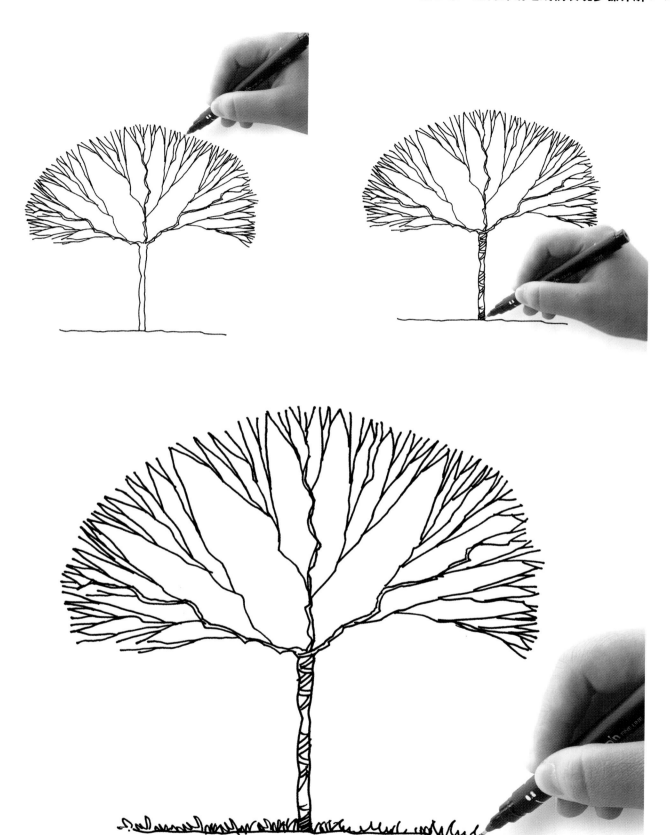

续图 2-3

2.1.4 阔叶树的画法

阔叶树的绘制步骤如下，如图 2-4 所示。

第一步：首先确定地平线的位置，用双线条绘制出树干的宽度和高度。

第二步：用曲线条或锯齿线条绘制出树冠的形态和大小。

第三步：绘制树冠中的空隙部分，表现出内部的树枝形态。

第四步：用线条排列法表现光影关系，绘制出树的阴影部分。

第五步：点缀细小的叶子，增添树的生气。

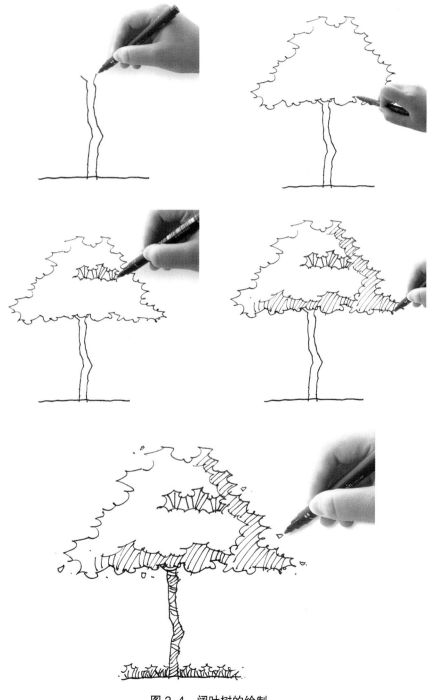

图 2-4 阔叶树的绘制

2.2 石头的钢笔线稿表现步骤详解 **TWO**

石头的钢笔线稿表现步骤如下，具体如图2-5所示。

第一步：用短直的单线条勾勒出石头的轮廓。

第二步：将石头分成两个面。

第三步：用线条排列法表现光影关系，绘制出石头的阴影部分。

第四步：绘制出石头的投影面积。

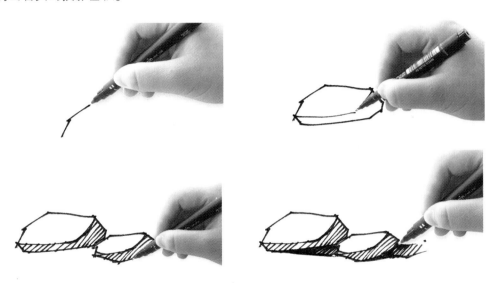

图2-5 石头的绘制

2.3 人物的钢笔线稿表现步骤详解 **THREE**

人物绘制步骤如下，具体如图2-6所示。

第一步：从人的脸部入手。

第二步：画头发。

第三步：画出人物上肢的轮廓，确定比例关系。

第四步：充分表现人物动态特征。

第五步：画出下肢的轮廓，确定比例关系。

第六步：深入刻画细节，充分表现衣服的质感及人物的动态。

图2-6 人物的绘制

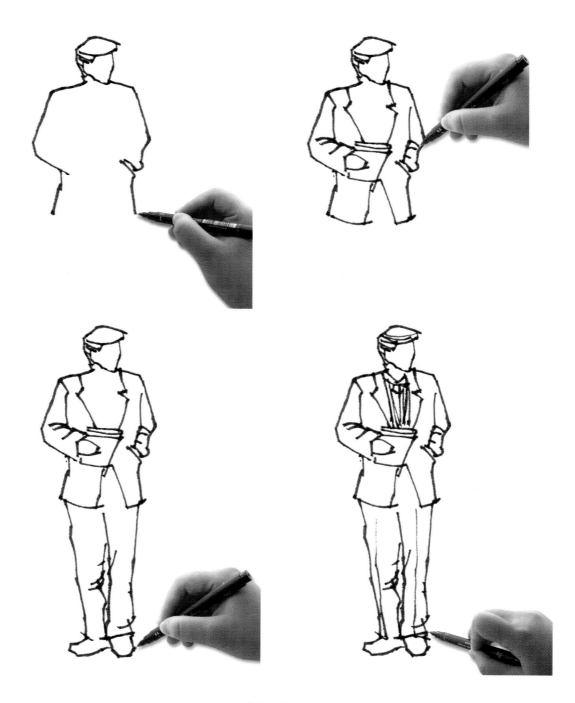

续图 2-6

2.4 抱枕的钢笔线稿表现步骤详解   **FOUR**

抱枕的钢笔线稿表现步骤如下，如图 2-7 所示。

第一步：确定抱枕的形状、大小，选择一点透视进行表现。

第二步：绘制出圆形凹式扣，表现出抱枕的质感与形态特征。

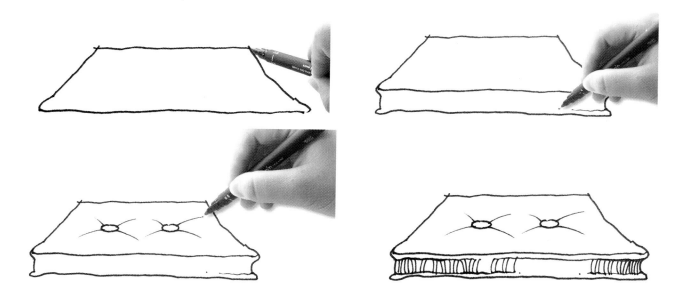

图2-7　抱枕的绘制

2.5　窗帘的钢笔线稿表现步骤详解　　　FIVE

窗帘的钢笔线稿表现步骤如下，如图2-8所示。

第一步：画出窗眉，并用短线表现出褶皱。

第二步：画出窗帘的形状、大小，用长短、深浅不同的线条表现窗帘的质感。

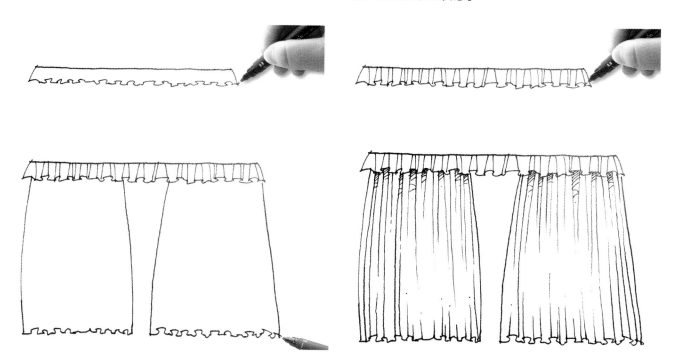

图2-8　窗帘的绘制

2.6　床的钢笔线稿表现步骤详解　　　　　　　　　　**SIX**

床的绘制步骤如下，具体如图 2-9 所示。

第一步：选择透视角度，确定用两点透视方法表现。

第二步：画出床的轮廓。

第三步：将床单的质感表现出来。

第四步：画出枕头的轮廓。

第五步：深入刻画床单。

第六步：充分表现枕头的质感。

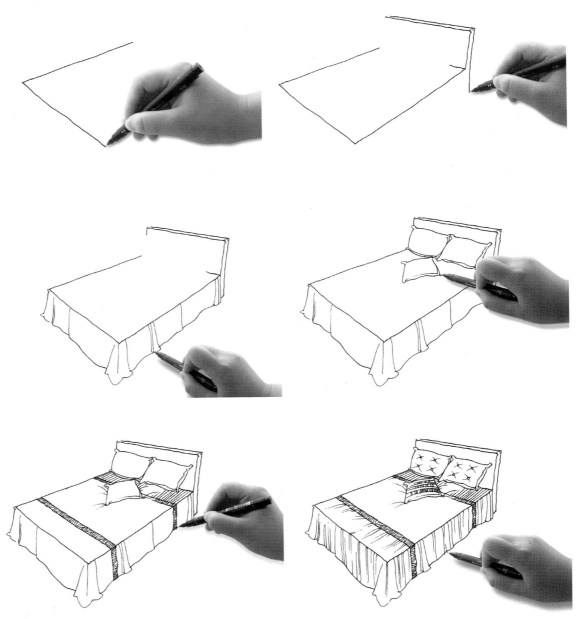

图 2-9　床的绘制

续图 2-9

2.7 沙发的钢笔线稿表现步骤详解   SEVEN

沙发的钢笔线稿表现步骤如下，如图 2-10 所示。

第一步：选择透视角度，确定用一点透视方法表现。

第二步：画出沙发的轮廓。

第三步：画出沙发上放置的抱枕。

第四步：用短线条进行排列，表现光影关系，绘制出暗部和投影。

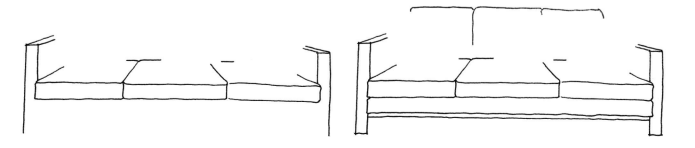

图 2-10 沙发的绘制

续图 2-10

2.8　室外景观环境的钢笔线稿表现步骤详解　　　**EIGHT**

室外景观环境的绘制步骤如下，具体如图 2-11 所示。

第一步：从景观中心点入手，画出主景石材小路。

第二步：将近处的小石桥表现出来。

第三步：画出远处的木桥和两旁的石头景。

第四步：画出两旁的灌木丛。

第五步：画出远处高大的乔木。

第六步：画出主体水景。

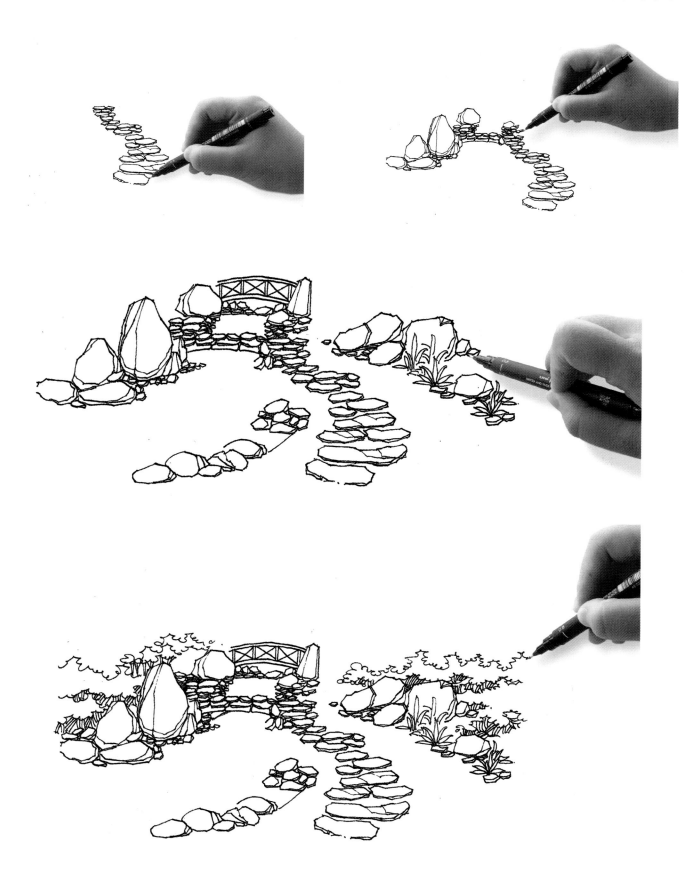

图 2-11　景观的绘制

续图 2-11

2.9　小型建筑单体的钢笔线稿表现步骤详解　　NINE

小型建筑单体表现步骤如下，具体如图 2-12 所示。

第一步：选取角度，用两点透视表现。

第二步：继续绘制单体建筑。

第三步：刻画单体建筑细部结构。

第四步：将周围植物配景表现出来。

第五步：用线条表现物体的光影关系，增强画面层次感。

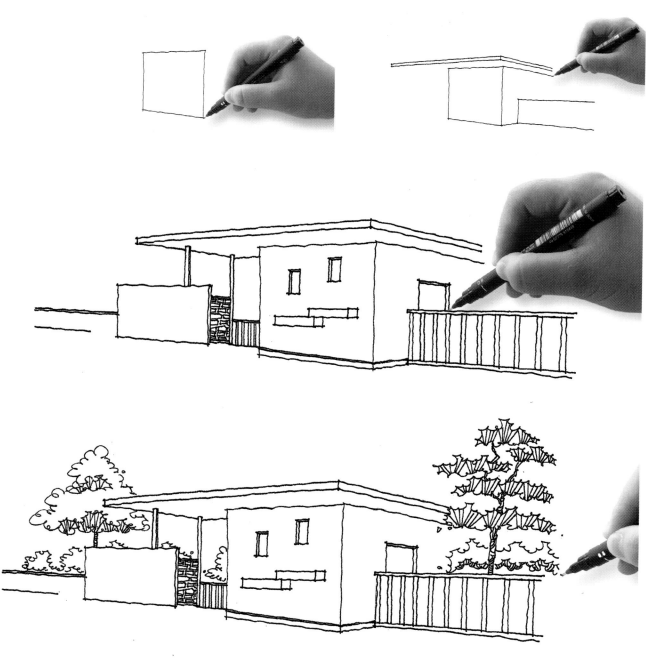

图 2-12　小型建筑单体的绘制

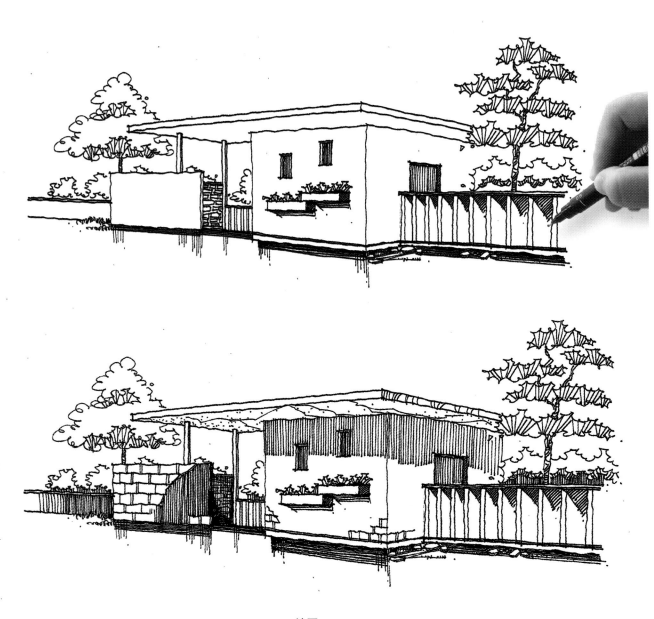

续图 2-12

🖼 习 题

1. 临摹树的平面图、立面图的绘制图。

2. 临摹石头的绘制图。

3. 临摹人物的绘制图。

4. 临摹抱枕的绘制图。

5. 临摹窗帘的绘制图。

6. 临摹床的绘制图。

7. 临摹沙发的绘制图。

8. 临摹室外景观环境的绘制图。

9. 临摹小型建筑单体的绘制图。

第3章
建筑配景画法

JIANZHU
SUXIE

Y^U S_{HEJI} BIAODA

■ 学习目标 ■

通过学习植物、石头、水景、人物、车辆的画法，熟练掌握建筑配景绘制技巧。

■ 学习重点 ■

熟练掌握植物、石头、水景的绘制技巧。

■ 学习难点 ■

人物、车辆的绘制技巧。

3.1 植物的画法   ONE

植物是建筑速写和设计表达中最常见的配景，它能给画面带来生气。植物的特征通过其外部形状（如主干、枝、树叶）来表现，如图 3-1 至图 3-5 所示。

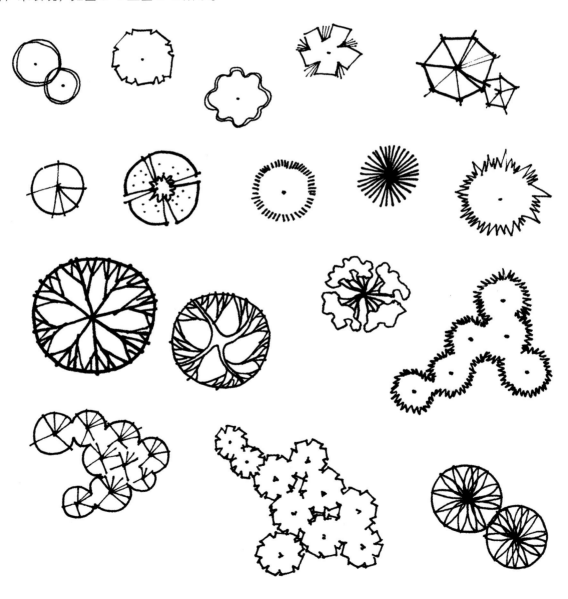

图 3-1 植物平面图（1）

图 3-2　植物平面图（2）

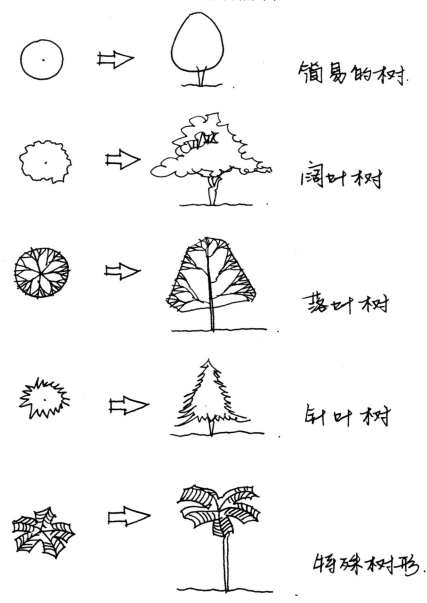

简易的树.

阔叶树

落叶树

针叶树

特殊树形.

图 3-3　树木的一般绘制方法

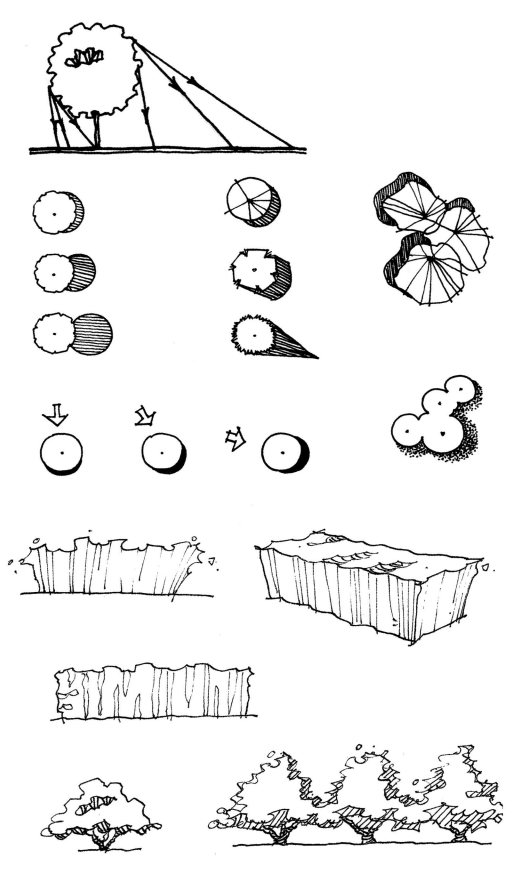

图 3-4　植物表现（1）

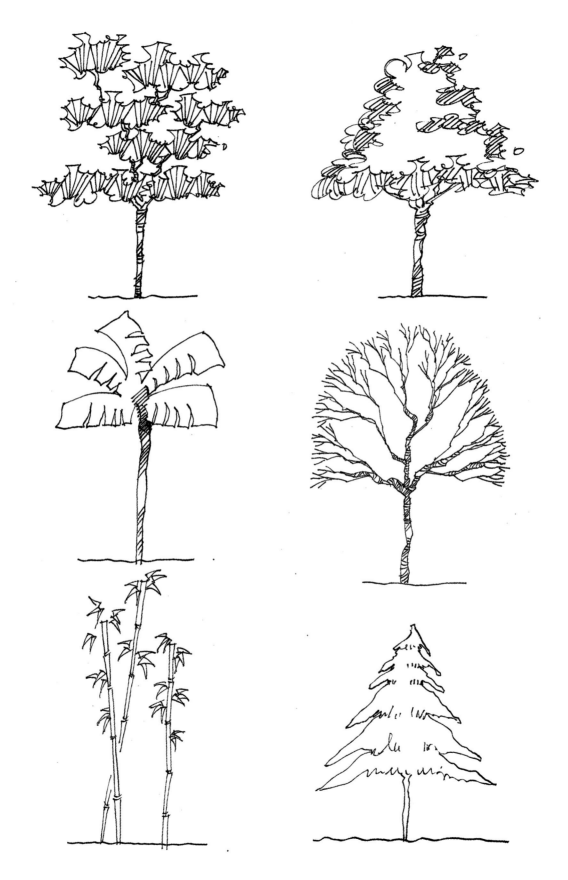

图 3-5　植物表现 (2)

3.2 石头的画法

　　石头是建筑速写与设计表达中非常重要的元素。石头形态大小各异，表现形式丰富，作为建筑配景能增强画面的趣味性，同时根据石材的纹理特征，能增强画面的质感。画石头时要注意力度的体现和石头的着地性，如图3-6所示。

图 3-6　石头的表现

3.3 水的画法

THREE

　　水作为建筑速写和设计表达中的重要元素被广泛应用，它能增强画面的流动感。水的质感主要是通过倒影和波纹来体现的。不同类型的水景表现技巧截然不同：绘制跌水时，要注意表现出水从高处落下时的力度感和落下时溅起的水花；绘制喷泉时，水的喷射方向与跌水相反，由下至上用力表现。水的画法如图 3-7 和图 3-8 所示。

图 3-7　水的画法（1）

图 3-8　水的画法（2）

3.4　人物的画法

FOUR

　　人物能给画面增添活力，增强环境的空间尺度感。建筑速写与设计表达中把现实生活中的人物比例从七倍头长拉到八至九倍头长，体现出高挑又富有动感的人物状态。

　　远景人物表现多以象征性的轮廓型来表现，只勾画出其外形，可以不着色或使用同类色进行平涂。近景人物表现多以写实型人物表现为主，着色时应注意色彩与画面环境的协调统一，如图 3-9 和图 3-10 所示。

图 3-9　人物表现（1）

图 3-10 人物表现 (2)

3.5 车辆的画法 **THREE**

　　行驶的汽车能使画面产生动静对比；驶向主体建筑物的汽车，能引导观者对视觉中心的注意，起导向作用。写生时，首先要考虑汽车的结构，运用简洁的线条、干净有力的笔触表现汽车的金属质感。在绘制远景的汽车时，只勾画出其外轮廓；在绘制近景的汽车时，可表现出其细部构造和光影关系，更可画出坐席及方向盘的轮廓线等。为了与画面的表现风格保持一致，应对汽车做不同方式的描绘，如图3-11和图3-18所示。

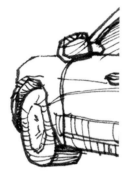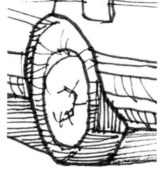

图3-11 车辆局部放大图（1）　图3-12 车辆局部放大图（2）　　图3-13 车辆局部放大图（3）

图3-14 车辆表现（1）

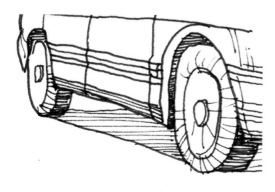

图3-15 车辆局部放大图（1）　　图3-16 车辆局部放大图（2）　图3-17 车辆局部放大图（3）

图 3-17　车辆表现（1）

图 3-18　车辆表现（2）

习　题

1. 分别绘制 4 种阔叶植物的平面图、2 种落叶植物的平面图、2 种针叶植物的平面图和 2 种常青植物的平面图。

2. 临摹石头的范画，并能默画出来。

3. 分别绘制出跌水、喷泉、水池表现图。

4. 临摹人物范画，并能默画出来。

5. 临摹车辆范画，并能默画出来。

第 4 章
建筑写生

JIANZHU
JSUXIE
YᵤS HEJI
BIAODA ◀ ◀ ◀ ◀

◀ ◀ ◀ ◀

■ 学习目标 ▮
了解徒手钢笔画的几种表现形式，掌握钢笔徒手绘图技巧，掌握构图技巧，能独立完成写生任务。

■ 学习重点 ▮
掌握构图技巧，掌握建筑写生技巧。

■ 学习难点 ▮
运用不同表现形式完成写生任务。

4.1　徒手钢笔画的表现形式　　　　　ONE

4.1.1　线条表现

所谓线条表现是指运用单线勾勒出景物的轮廓和结构，如图 4-1 和图 4-2 所示。线条表现要求用笔准确，下笔肯定，笔力轻重分明，虚实结合，利用线条的粗细、疏密和深浅来表现层次关系。

图 4-1　线条表现（1）

图 4-2 线条表现（2）

4.1.2 明暗调子表现

明暗调子表现就是通过排列钢笔线条来塑造明暗关系，适用于立体地表现光线照射下物象的形体结构，如图 4-3 和图 4-4 所示。明暗调子表现有强烈的明暗对比效果，层次丰富，能表现非常微妙的空间关系，有生动、直观的视觉效果。

图 4-3 明暗调子表现（1）

图 4-4 明暗调子表现 (2)

4.1.3 线面结合表现

线面结合表现是综合线条表现与明暗表现的一种钢笔徒手画表现形式，如图4-5至图4-8所示。在线的基础上施以简单的明暗块面，以便使形体表现更为充分，表现形式更为丰富。这种画法比单用线条画或明暗调子画更为自由、随意、有变化，适应范围广。

图4-5 线面结合表现（1）

图4-6 线面结合表现（2）

图 4-7 线面结合表现（3）

图 4-8 线面结合表现（4）

4.2 局部表现

局部表现如图 4-9 所示。

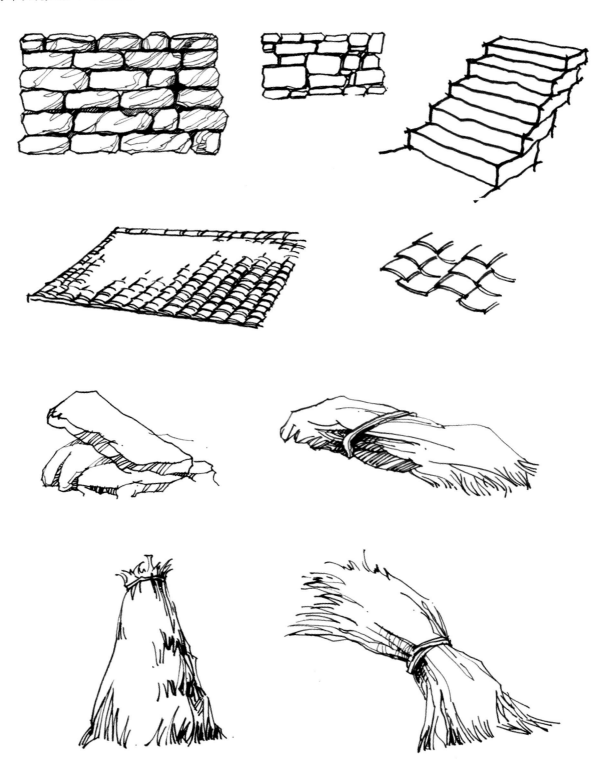

图 4-9 局部表现

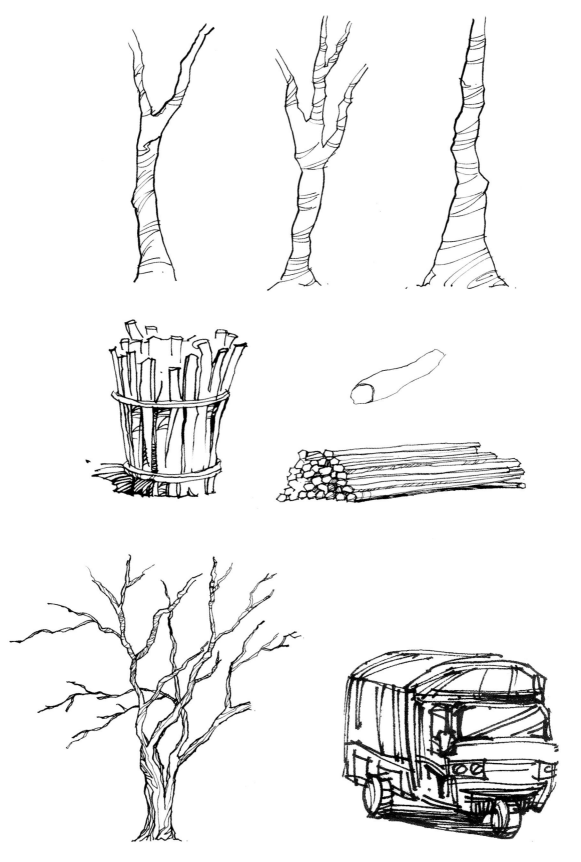

续图 4-9

4.3 构 图 要 点　　　　　　　　　　　**THREE**

4.3.1 主次分明

　　如图 4-10 所示，通过明暗调子表现突出主体物，与远景的线条表现形成深浅、疏密对比，主次分明。

图 4-10 主次分明

4.3.2 布局均衡

　　如图 4-11 所示，右边画面满，左边画面空，画面左右不均衡，令人感觉右重左轻，需要添加一些配景物来增强画面的均衡感，如图 4-12 所示。

图 4-11 布局不均衡表现

图 4-12 布局均衡表现

4.3.3 突出中心

如图 4-13 所示，画面的中心是主体物的入口，通过明暗调子表现，增强深浅对比，层次分明，突出了出口这一中心空间。

图 4-13 突出中心

4.3.4 表现意图

如图 4-14 所示，线条表现情感，巷子的蜿蜒曲折用弯曲变化的线条更能突出意境，呈现自然、活泼、灵动之感。

图 4-14 表现意图

4.3.5　构图中常见问题

问题一：如图 4-15 所示，构图太小，留白空间过大，画面显得太空。

图 4-15　构图问题一

问题二：如图 4-16 所示，构图偏左，右边留白空间过大，画面不均衡。

图 4-16　构图问题二

　　问题三：如图 4-17 所示，构图太满，空间拥挤，令人感到压抑。

图 4-17　构图问题三

　　图 4-18 所示遵循了构图的基本原则，画面均衡、统一，内容明确，主次分明，老房子细节表现生动，细而不腻、繁而不乱，意境突出。

图 4-18　构图合理

4.4 校园写生步骤详解　　　　　　　　　　　**FOUR**

4.4.1 校园写生取景

写生工具：绘图纸、钢笔、针管笔、铅笔、橡皮、三角板、透明胶、画板等。

图4-19所示为作者进行校园写生的画面。

图4-19 校园写生画面

如何取景构图？

第一种取景：如图 4-20 所示，取景框中主体物过大，图幅太满，构图不完整。

图 4-20　校园写生取景（第一种）

第二种取景：如图 4-21 所示，取景框中主体物不够突出，构图太小，图幅太空。

图 4-21　校园写生取景（第二种）

第三种取景：如图 4-22 所示，取景框中主体物不够突出，构图偏上，地面空间太大。

图 4-22 校园写生取景（第三种）

第四种取景：如图 4-23 所示，取景框中主体物大小适中，构图合理。

图 4-23 校园写生取景（第四种）

图 4-24 所示为实景与图纸的对照。

图 4-24　实景与图纸对照

4.4.2　校园写生基本步骤

校园写生基本步骤如下，具体如图 4-25 至图 4-30 所示。

第一步，观察、分析，合理构图；

第二步，用铅笔打底稿，勾出框架；

第三步，进行深入、精准绘制透视；

第四步，用钢笔绘制，表现质感；

第五步，刻画细节。

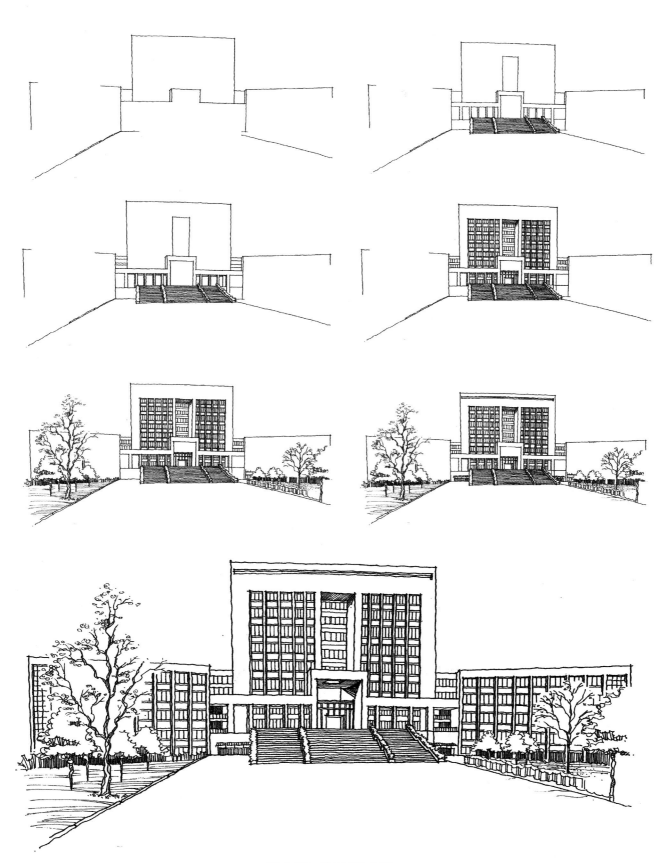

图4-25 校园写生步骤

图 4-26 局部表现（1）　　　　　　　　　　　图 4-27 局部表现（2）

图 4-28 局部表现（3）

图 4-29 局部表现（4）

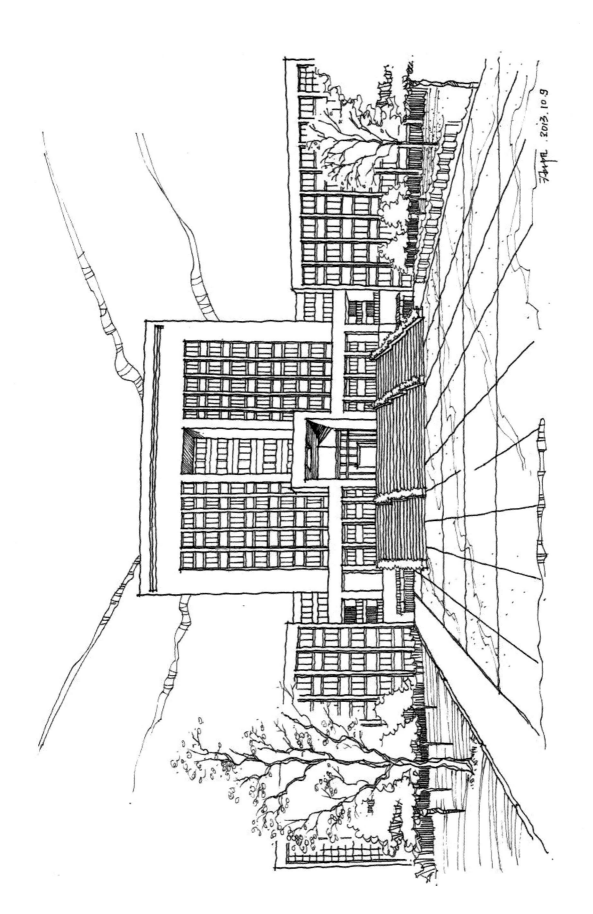

图 4-30　校园写生完成的效果

习　题

1. 思考钢笔徒手画中线条表现、明暗调子表现、线面结合表现三种表现形式的区别，每种画法选择一幅作品进行临摹。

2. 在 A3 图纸上临摹校园写生范画，要求用钢笔勾线。

3. 以校园内任意景点为素材，进行实地写生，完成一幅钢笔徒手画作品。

　　要求：纸张大小 A3，钢笔徒手画表现。

4. 以所在城市内任意景点为素材，进行实地写生，完成一幅钢笔徒手画作品。

　　要求：纸张大小 A3，钢笔徒手画表现。

第5章
设计表达

JIANZHU
JSUXIE
YUSHEJI
BIAODA

◀ ◀ ◀ ◀

◀ ◀ ◀ ◀

学习目标

了解家具陈设和室内外平面图、立面图以及透视图的综合表现要点，掌握其绘制方法。

学习重点、难点

掌握室内外平面图、立面图以及透视图的综合表现方法。

5.1 室内设计表现　　　　　　　　　　　ONE

5.1.1 材质表现

材质表现如图 5-1 所示。

图 5-1　材质表现

5.1.2　家具与陈设

图 5-2 所示为灯具与抱枕表现。

图 5-3 至图 5-6 所示为家具与陈设表现。

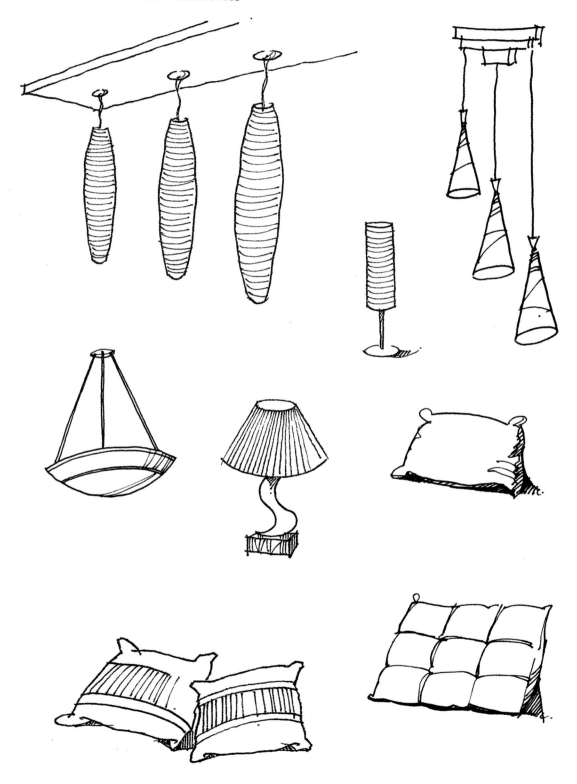

图 5-2　灯具与抱枕表现

图 5-3　室内陈设表现

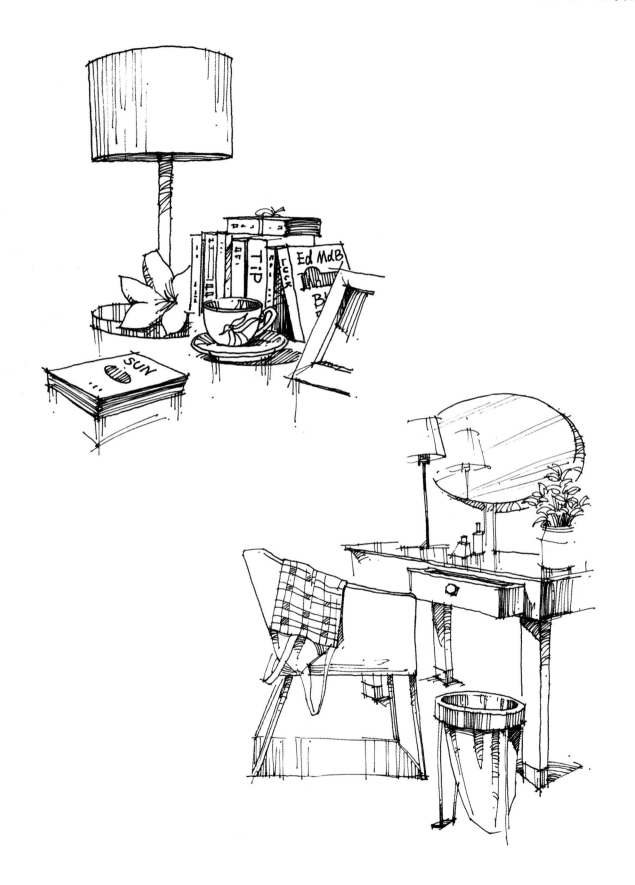

图 5-4　家具与陈设表现（1）

图 5-5　家具与陈设表现（2）

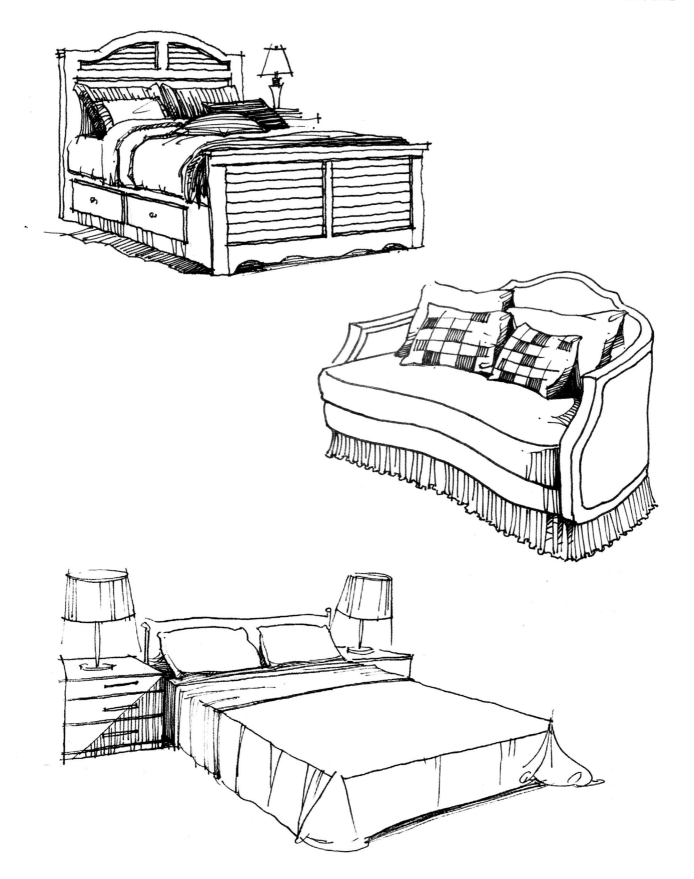

图 5-6　家具与陈设表现（3）

5.1.3　室内平、立面图表现

（1）室内平面图表现如图 5-7 所示。

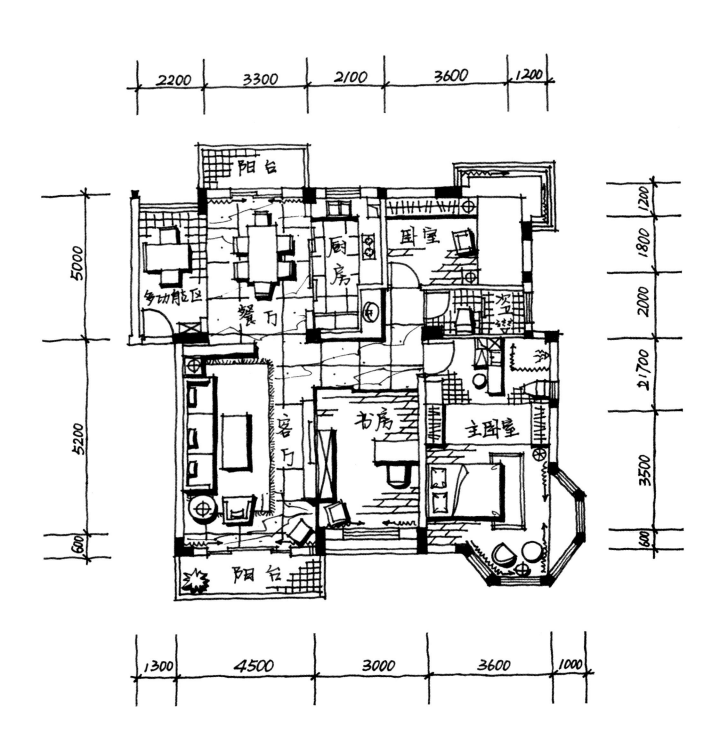

图 5-7　室内平面图表现

（2）室内立面图表现如图 5-8 和图 5-9 所示。

图 5-8　室内立面图表现（1）

图 5-9　室内立面图表现（2）

（3）室内效果图表现如图 5-10 至图 5-12 所示。

图 5-10 室内效果图表现（1）

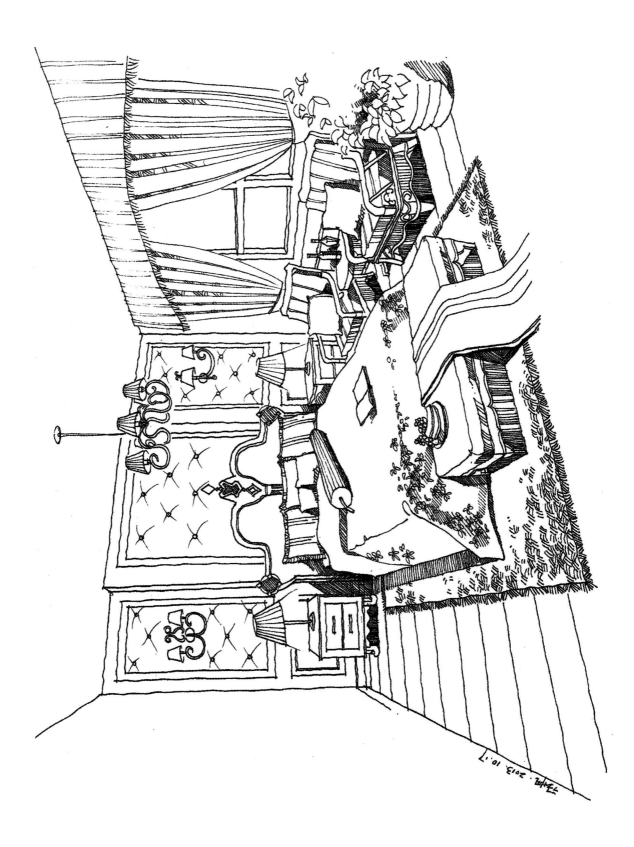

图 5-11 室内效果图图表现(2)

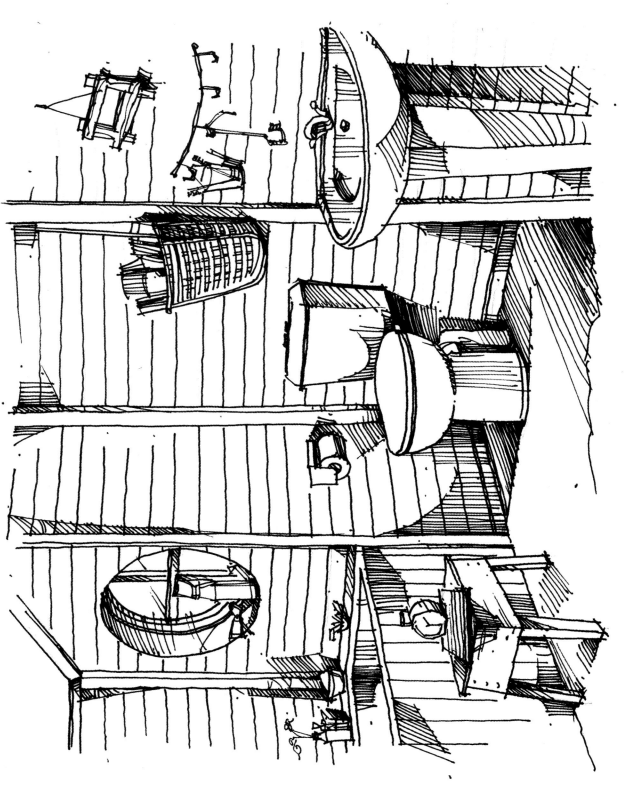

图 5-12　室内效果图表现（3）

5.2　室外环境表现

TWO

5.2.1　室外平、立面图表现
室外平、立面图表现分别如图 5–13 和图 5–14 所示。

图 5–13　室外平面图表现

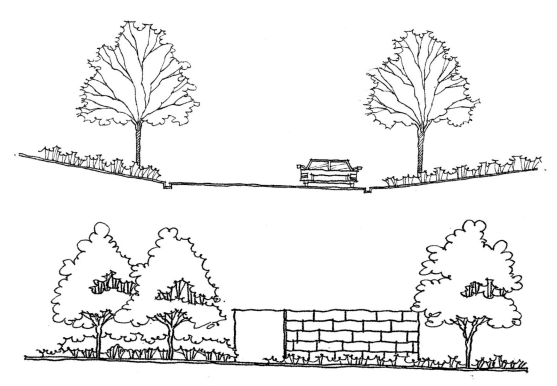

图 5-14 室外立面图表现

5.2.2 效果图徒手画表现

效果图徒手画表现如图 5-15 和图 5-16 所示。

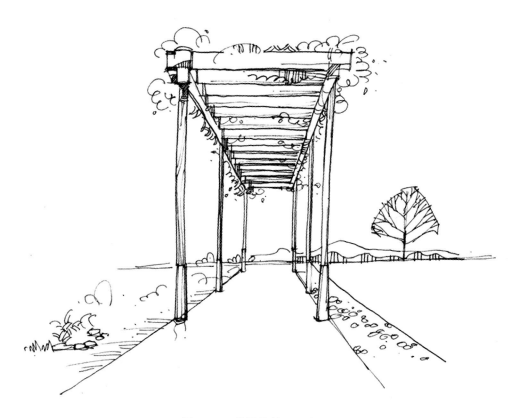

图 5-15 效果图徒手画表现（1）

图 5-16 效果图徒手画表现 (2)

习　题

1. 临摹室内平面图、立面图、剖面图表现图例。

　　要求：纸张为 A3 大小。

2. 临摹室外平面图、立面图、剖面图表现图例。

　　要求：纸张为 A3 大小。

3. 临摹室内效果图表现图例。

　　要求：纸张为 A3 大小。

4. 临摹室外效果图表现图例。

　　要求：纸张为 A3 大小。

5. 用一点透视或两点透视的方法绘制寝室平面图、立面图 2 幅及其效果图。

　　要求：纸张为 A3 大小。

第6章
作品欣赏

JIANZHU
SUXIE
YU SHEJI
BIAODA

图 6-1 至图 6-20 所示作品供大家欣赏。

图 6-1　作品（1）

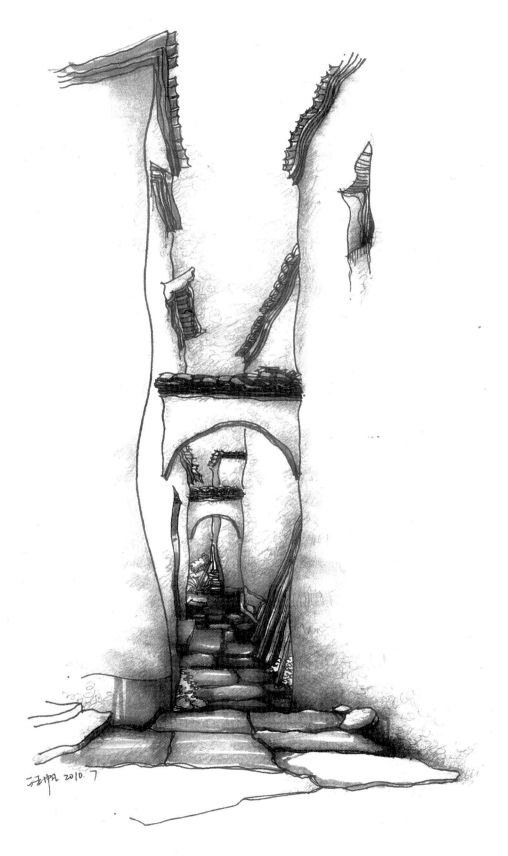

图 6-2　作品（2）

图6-3 作品(3)

图 6-4　作品(4)

图 6-5　作品（5）

图 6-6 作品(6)

图6-7 作品(7)

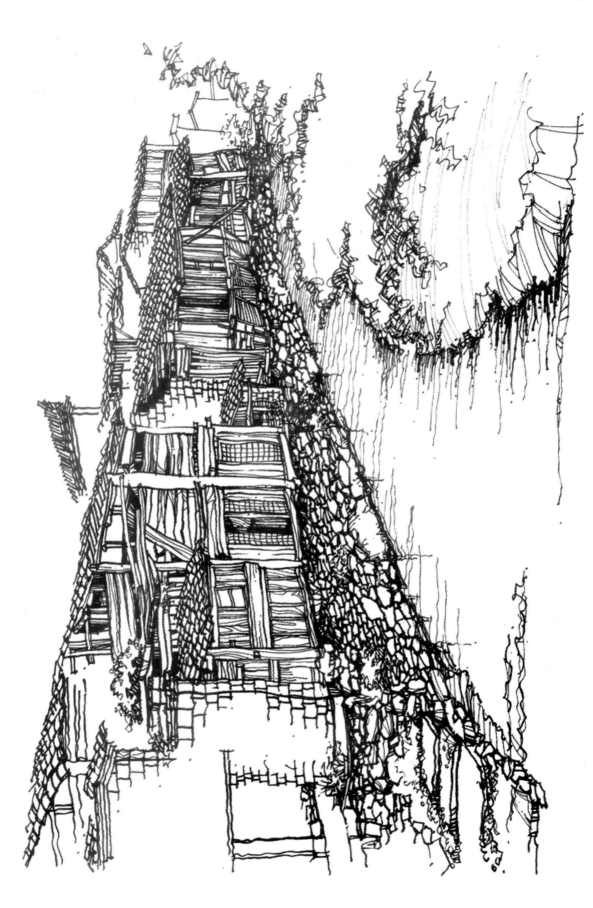

图 6-8 作品（8）

图 6-9　作品(9)

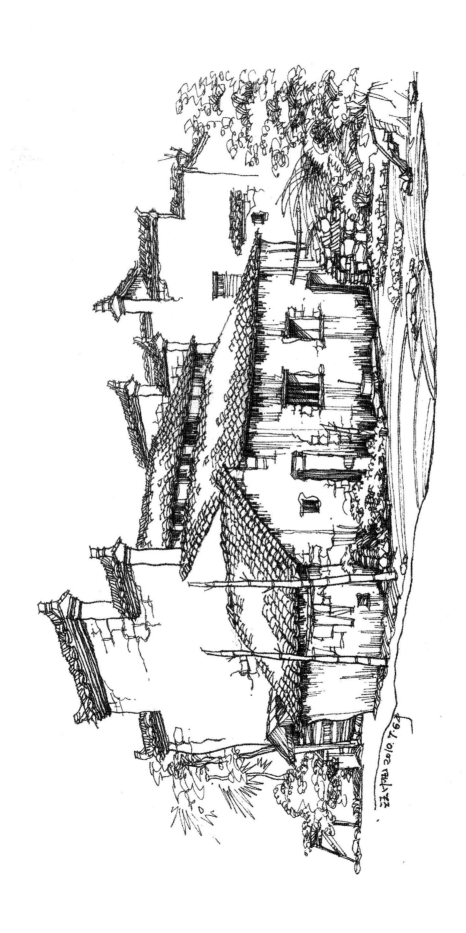

图 6-10 作品（10）

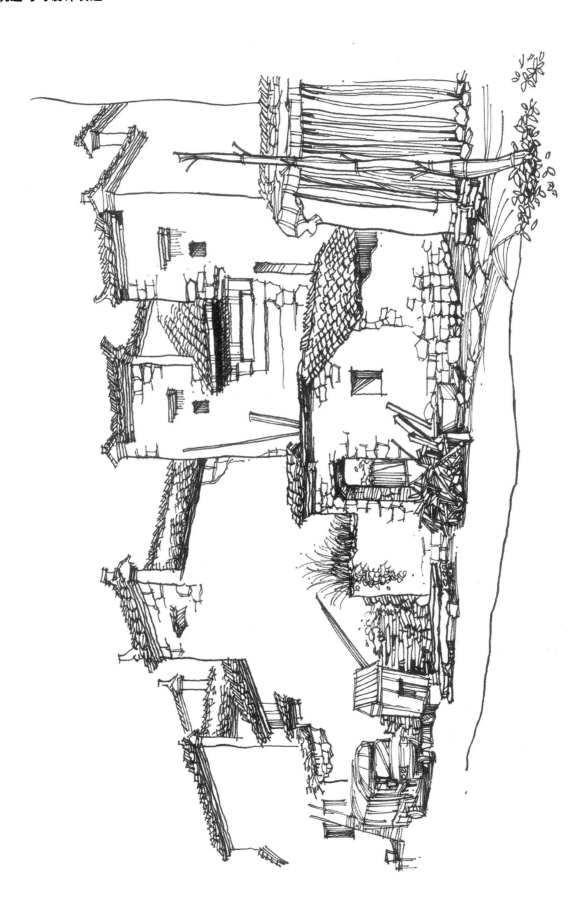

图 6-11 作品(11)

图6-12 作品(12)

图 6-13 作品（13）

图6-14 作品（14）

图 6-15 作品 (15)

图 6-16　作品（16）

图 6-17　作品(17)

图 6-18 作品(18)

图 6-19　作品(19)

图 6-20　作品(20)

图 6-21 所示为作者写生的画面。

图 6-21　写生画面